Hydromechanische Probleme des Schiffsantriebs

Teil II

Vorträge zum 25jährigen Bestehen der
Hamburgischen Schiffbau-Versuchsanstalt

Hydromechanische Probleme des Schiffsantriebs

Teil II

Veröffentlichung der Vorträge,
die anläßlich des 25 jährigen Bestehens der
Hamburgischen Schiffbau-Versuchsanstalt am 14. Juni 1939
gehalten wurden

—

Herausgegeben von

Dr.-Ing. G. Kempf

München und Berlin 1940

Verlag von R. Oldenbourg

Band I erschien 1932
unter dem Titel »Hydromechanische Probleme des Schiffsantriebs«
(Kommissionsverlag Boysen & Maasch, Hamburg 36)

Vorwort.

Das 25jährige Bestehen der Hamburgischen Schiffbau-Versuchsanstalt bot die erwünschte Gelegenheit, um unseren zahlreichen Freunden
und Förderern im In- und Auslande in einzelnen Vorträgen aus den verschiedenen Arbeitsgebieten der Versuchsanstalt über die in der letzten
Zeit auf Grund unserer Tätigkeit gewonnenen Erkenntnisse und Erfahrungen zu berichten.

Diese Vorträge bilden in mancher Hinsicht eine Fortsetzung der Ver-
öffentlichungen, welche im Anschluß an die erste, im Jahre 1932 in der
Hamburgischen Schiffbau-Versuchsanstalt veranstaltete internationale
Konferenz unter dem Titel »Hydromechanische Probleme des Schiffs-
antriebes« erfolgten. Wir haben uns daher entschlossen, die Vorträge ebenso
wie damals in Buchform unter dem gleichen Titel als II. Teil herauszu-
geben und hoffen, daß das neue Buch sich ähnliche Wertschätzung er-
werben möge wie der I. Teil.

Alle Arbeiten stammen diesmal aus dem Bereich der Versuchsanstalt,
deren Umfang sich im Laufe der dazwischenliegenden 8 Jahre wesentlich
erweitert und auf verschiedene Gebiete erstreckt hat.

Um auch dem der deutschen Sprache nicht kundigen Ausländer einen
Überblick über den Inhalt der Vorträge zu geben, sind am Schlusse des
Buches kurze Auszüge ihres Inhaltes in englischer Sprache angefügt, wie
dies auch im I. Teil geschehen war.

Die wissenschaftlichen Arbeiten der Versuchsanstalt wurden ermög-
licht durch Forschungsbeiträge von seiten

des Reichsverkehrsministeriums,
der Hansestadt Hamburg,
des Vereins deutscher Schiffswerften,
der Gesellschaft der Freunde und Förderer der Hamburgischen
Schiffbau-Versuchsanstalt,
des Germanischen Lloyd,
der Seeberufsgenossenschaft.

Diesen Stellen und den Männern, welche sich für die Unterstützung unserer
Arbeit zum Gemeinnutzen von Schiffbau und Schiffahrt eingesetzt haben,
muß an dieser Stelle besonders gedankt werden.

Das Bewußtsein, diese Unterstützung zu erfahren, wird stets ein Ansporn für die Versuchsanstalt und ihre Mitarbeiter sein, ihr Bestes zu leisten.

Es liegt in der Eigenart der hydrodynamischen Probleme des Schiffsantriebs begründet, daß sie theoretisch besonders schwer zugänglich und erfaßbar sind, da sich die verschiedensten Erscheinungen, die sich aus der Bewegung einer mit der Geschwindigkeit veränderlichen Schiffsform in einer zähigkeitsbehafteten Flüssigkeit mit freier Oberfläche ergeben, gegenseitig überlagern und beeinflussen.

Theoretische Ergebnisse können daher immer nur unter weitgehend vereinfachenden Annahmen erzielt werden und bedürfen notwendig der Prüfung und Korrektur durch umfangreiche systematische Versuche, bevor durch Zusammenwirken von Theorie und Versuch stichhaltige und praktisch verwertbare allgemeine Erkenntnisse gewonnen werden, welche als zufriedenstellende Lösung eines Problems angesehen werden können.

Durch allmählich fortschreitende und immer vollkommenere Lösung der Einzelprobleme kommt man dann schließlich der Lösung des Hauptproblems immer näher: »das für eine gegebene Aufgabe bestgeeignete Schiff zu bauen«. Einige Schritte auf diesem zwar langen, aber zwingend notwendigen Wege werden durch die Arbeiten dieses Buches gezeigt und mögen dem Fortschreiten der Erkenntnis dienen.

Hamburg, den 18. Mai 1940.

Dr.-Ing. **Günther Kempf.**

Inhaltsverzeichnis.

1. Neue Kavitationsversuche

von H. Lerbs.

Im Laufe einer etwa 6jährigen Betriebszeit der Kavitationsanlage haben sich Erfahrungen ergeben, nach denen es notwendig erschien, an der Anlage mehrere Änderungen vorzunehmen, die sich zum Teil auf den Ringkanal selbst, im wesentlichen aber auf eine Umkonstruktion und Ergänzung der Meßgeräte erstrecken; über diese Änderungen, die im vorigen Jahr durchgeführt wurden, und die Gründe, die dazu führten, möchte ich zunächst berichten.

Zunächst der Ringkanal, den Bild 1 im jetzigen Zustand zeigt. Geändert wurde lediglich der rechte absteigende Ast mit den beiden dazugehörigen Krümmern, der bei der ersten Ausführung (1)[1], die der Mehrzahl von Ihnen wohl noch in Erinnerung ist, mit vertikaler Mittellinie und daran anschließenden scharfen Krümmern entworfen war; die Mittellinie ist jetzt geneigt und dadurch der Übergang in die horizontalen Teile oben und unten allmählicher ausgebildet. Gleichzeitig wurde der Krümmer geteilt, wie an dem Schnitt $A—B$ zu erkennen ist. Zu diesen Änderungen haben uns Schwierigkeiten mit der Strömung in dem oberen Krümmer veranlaßt, die in einer Kavitationsbildung an der Innenseite des Krümmers und an den Leitschaufeln bestanden, womit eine Rückwirkung auf die Meßgenauigkeit verbunden war; denn mit zunehmender Kavitation wird der Gütegrad des Kanals schlechter, d. h. die Geschwindigkeit im Meßquerschnitt sinkt und bleibt vor allem nicht mehr stationär, da die räumliche Ausdehnung der Dampfschichten schwankt, und zwar um so mehr, je kleiner die Kavitationszahl ist. Die damit verbundenen Schwankungen in der Geschwindigkeit machten sich zunächst in der Messung der Geschwindigkeit selbst, dann natürlich aber auch in der Messung des Mittelwertes der Propellerkräfte unangenehm bemerkbar, so daß schon vor dem eigentlichen Umbau der Anlage versucht wurde, diesem Übelstand durch Veränderung der Leitbleche abzuhelfen. Ihre Zahl wurde zunächst von 2 auf 3 gesteigert und, als der Erfolg hierdurch nur gering war, anstatt der langen Bleche ein Flügelgitter aus 6 Einzelflügeln eingebaut, wie es heute

---

[1] Siehe Literaturverzeichnis auf Seite 31.

bei Luftkanälen aus Gründen der Wirtschaftlichkeit und des Turbulenzgrades allgemein üblich ist; da die Schwankungen bei kleineren Kavitationszahlen auch hierdurch noch nicht so weit reduziert waren, wie wir erwartet

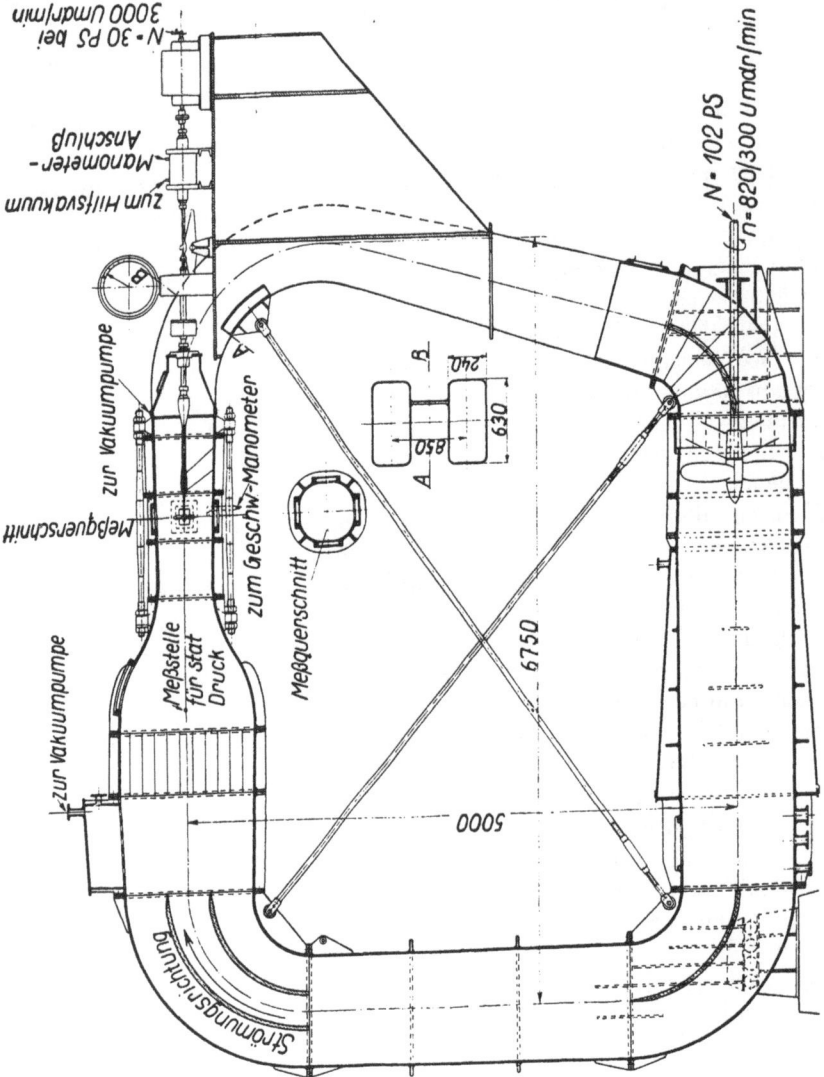

Bild 1. Der Ringkanal. Meßquerschnitt = 2146 cm².

hatten, und auch an dem Gitter Kavitation eintrat, entschlossen wir uns schließlich, den Krümmer mit größerem Radius auszuführen, wie Sie auf Bild 1 dargestellt sehen. Die hierdurch erzielte Wirkung ist befriedigend und die Geschwindigkeit genügend stationär, was dadurch zum Ausdruck kommt, daß sich ihre Messung auch bei extremen Verhältnissen mit unge-dämpftem Manometer durchführen läßt. Das Versagen des Gitters in der rechten oberen Ecke, wo noch verhältnismäßig kleine Kavitations-zahlen auftreten, ist nicht weiter verwunderlich, wenn man bedenkt, daß für die Kraftwirkung eines Flügels das Produkt $c_a \cdot t$, also Auftriebs-beiwert × Flügeltiefe, maßgebend ist; bei kurzen Flügeln wird der Auf-triebsbeiwert groß und erreicht bei einer Umlenkung von 90° mindestens den Wert 1 (2), womit dann die Kavitationsgefahr durch den mit dem Auftriebsbeiwert wachsenden Unterdruck groß ist; in Fällen, wie hier vorliegend, bleibt aus diesem Grunde nur übrig, c_a klein und damit t groß zu wählen, d. h. die in ihren sonstigen Eigenschaften ungünstigeren Leit-schaufeln an Stelle eines Gitters anzuordnen.

Die Aufspaltung des Krümmers in 2 Kanäle wurde aus räumlichen Gründen vorgenommen, um die Beanspruchung des Podestes für die Meß-geräte und den Antriebsmotor des Modellpropellers durch überhängende Lasten so weit wie möglich zu reduzieren; gleichzeitig wurde dieses Podest als steifer Kasten aus Blechen zusammengeschweißt, wodurch erreicht wurde, daß die früher bestehenden Schwierigkeiten mit kritischen Drehzahlen aus dem Betriebsbereich von maximal 3000 U/min herausgeschoben wurden.

Soviel über die Änderungen am Ringkanal; weitergehender ist der Umbau der Meßgeräte, und deshalb möchte ich Ihnen zunächst die früher benutzte Anordnung noch einmal im Bild vorführen und kurz beschreiben (Bild 2). Der Antrieb des Modellpropellers erfolgte von einem unten-stehenden Motor über Keilriemen, das Drehmoment wurde mittels eines Bamag-Torsionsdynamometers durch oszilloskopische Ablesung der Ver-drehung eines geeichten, auswechselbaren Torsionsstabes gemessen und der Schub durch Austarieren einer Hebelwaage bestimmt, auf welche die Kraft von der Antriebswelle aus mittels Schneiden und Drucklager übertragen wurde. Die Schwierigkeiten, die hier bestanden, lagen im wesentlichen in der Ausbildung der Stopfbuchse für die Durchführung der Antriebswelle durch die Tankwand, die bei möglichst kleiner und kon-stanter Leerreibung die diesem widersprechende Forderung erfüllen mußte, möglichst gut zu dichten. Da eine Stopfbuchse normaler Konstruktion diese Bedingungen nicht erfüllte, hatten wir uns nach Erfahrungen mit Innenantriebsgeräten für Schiffsmodelle so geholfen, daß wir die Stopf-

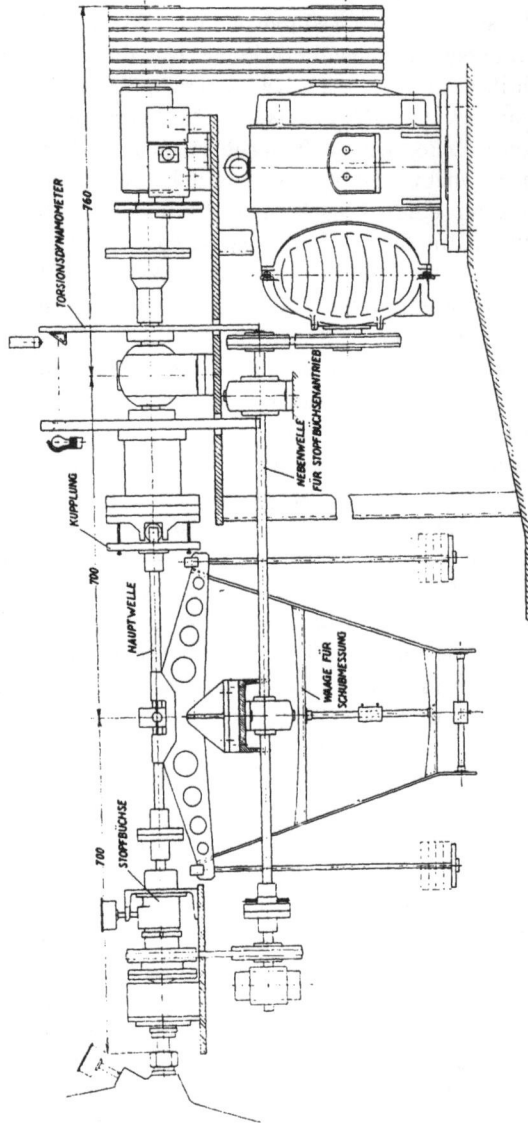

Bild 2. Schub- und Momentenmeßgerät nach der früheren Konstruktion.

buchse mittels einer Nebenwelle vom Antriebsmotor der Modellschraube
her in gleicher Richtung wie die Propellerwelle mit umlaufen ließen bei
einer Untersetzung von 5% gegenüber der Propellerwelle. Fest verbunden
mit der umlaufenden Stopfbuchse war ein Rohr von etwas größerem
Innendurchmesser als die Propellerwelle (Bild 3), das in seinem vorderen
Teil das letzte Traglager der Propellerwelle enthielt; die Dichtung von
Welle und Rohr gegeneinander sowie der eigentlichen Stopfbuchse gegen

Stopfbuchse

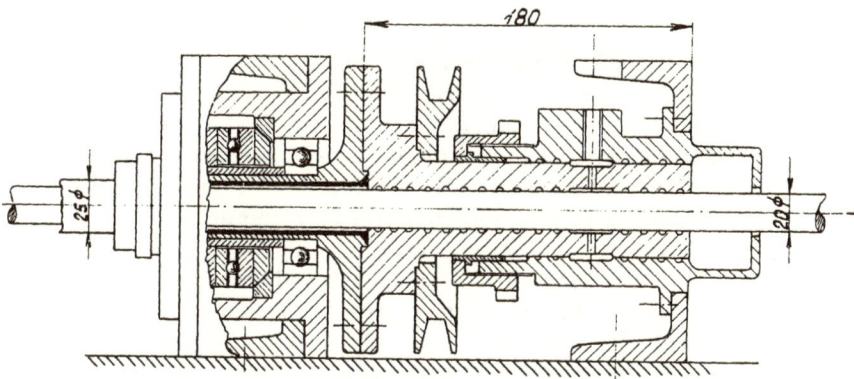

Bild 3. Stopfbuchse nach der früheren Konstruktion.

den Tank erfolgte durch dickflüssiges Fett. Es wurde so erreicht, daß
die Relativgeschwindigkeit zwischen der Propellerwelle und ihren beiden
Lagern nur noch 5% der absoluten Umfangsgeschwindigkeit betrug, wo-
mit die Leerreibung erheblich reduziert wurde; die Antriebsleistung für
Stopfbuchse und Rohr ging dabei nicht in die Messung ein, da sie vor dem
Torsionsdynamometer von der Motorleistung abgenommen war. Die
Empfindlichkeit der axialen Verschiebung der Welle, d. h. die Empfind-
lichkeit der Schubmessung, die mit abnehmender Relativgeschwindig-
keit abnimmt, hielt sich durch die Untersetzung von 5% in zulässigen
Grenzen.

Mit dieser Anordnung der Geräte war es möglich, Resultate aus-
reichender Genauigkeit bei kleinem und konstantem Leermoment zu
erhalten, vorausgesetzt, daß der Druck des Fettes in den Dichtungsstellen
konstant gehalten werden konnte. Dieser Nachteil, also die Abhängig-

keit des Leermomentes von dem Zustand des Fettes an den Dichtungsstellen, wurde besonders nach längeren Laufzeiten so groß, daß die Buchse
häufig überholt werden mußte. Daher trat die Forderung auf, das Momentengerät so zu entwerfen, daß die Messung zumindest von dem Zustand des Dichtungsmittels unabhängig bleibt, wenn es nicht gelang, das
Gerät so auszubilden, daß die in die Messung eingehende Leerreibung
unterhalb der Meßgenauigkeit liegt, dann also in der Auswertung ganz zu
vernachlässigen ist. Gleichzeitig mit dieser Umkonstruktion des Mo-
mentengerätes sollte versucht werden, die Schubmessung so einzurichten,
daß sich der Schubanteil, der von der Druckdifferenz zwischen Tank und
Atmosphäre herrührt, und der bis dahin rechnerisch nach dem Resultat
einer Eichung berücksichtigt wurde, automatisch kompensiert.

Wir sind schließlich, nachdem eine Stopfbuchse mit einem durch
Zentrifugalkraft gebildeten Wasserring als Sperre eher einen Rückschritt
bedeutete, zu folgender Lösung für das Momentengerät gekommen, bei
der es gelang, die Leerreibung unter die Meßgenauigkeit zu bringen (Bild 4):
Unmittelbar angetrieben von dem Motor wird eine Hohlwelle, an der sich
die Reibungsvorgänge in dem vorderen Traglager und an zwei Dichtungs-
lagern, einmal zwischen einer evakuierten Vorkammer und der Atmosphäre und dann zwischen dieser Vorkammer und dem Tank, abspielen;
mit dieser Hohlwelle, die bis zu dem vorderen Traglager reicht, ist die
darin enthaltene Propellerwelle über einen Torsionsstab verbunden.
Innerhalb der Hohlwelle ist die Propellerwelle zweimal gelagert, in einem
Kugellager am vorderen Ende der Hohlwelle und in einem eingeschliffenen
Lager am hinteren Ende, welches gleichzeitig als Dichtung gegenüber von
vorn zwischen den beiden Wellen eindringendem Wasser ausgebildet ist.
Das Propellermoment verdreht jetzt die Propellerwelle gegenüber der
Hohlwelle und damit den Torsionsstab, dessen Verdrehung durch einen
Fernsender über Schleifbürsten nach außen übertragen wird. Das an dem
so gemessenen Propellermoment zu berücksichtigende Reibungsmoment
ist vernachlässigbar klein, da es nur von dem vorderen Kugellager und
dem hinteren eingeschliffenen Lager herrührt, während die Reibung in
den Stopfbuchsen zwischen Hohlwelle und Tank nicht in die Messung
eingeht; die Dichtung zwischen den beiden Wellen erfolgt durch das luft-
dichte Gehäuse des Fernsenders und des Torsionsstabes. Die Messung ist
also von irgendwelchen unbeherrschbaren Vorgängen in den Stopfbuchsen
sowie von dem Reibungsmoment zwischen den Schleifbürsten und Schleif-
ringen des Fernsenders völlig unabhängig und ohne weitere Korrektur
direkt als Propellermoment anzusprechen.

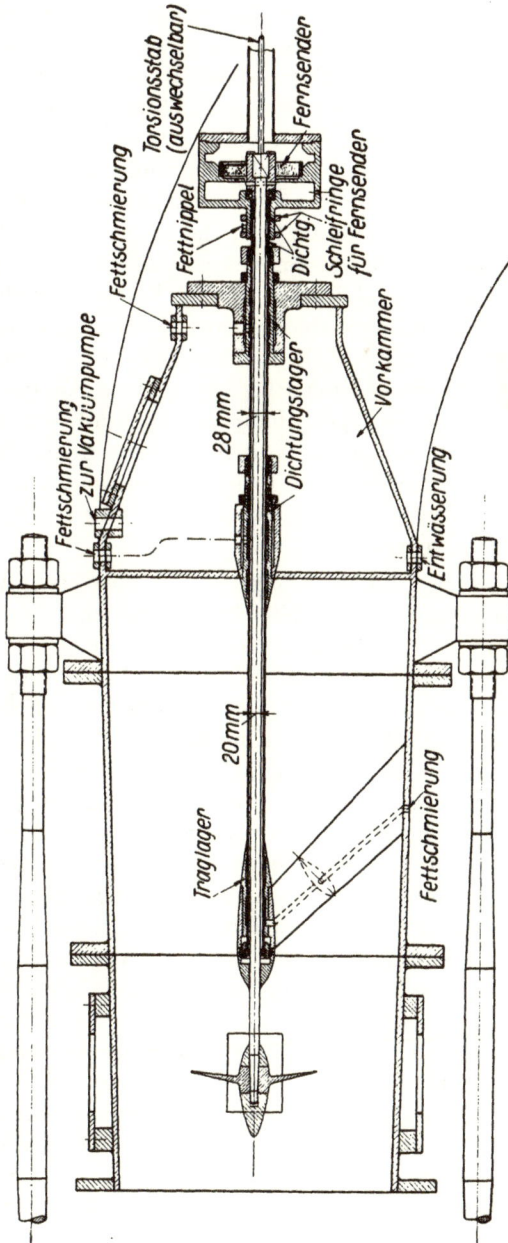

Bild 4. Anordnung der Momentenmessung.

Torsionsstab (auswechselbar)

Fernsender

Fettschmierung

Fettnippel

Dichtg.

Schleifringe für Fernsender

Fettschmierung

Vorkammer

zur Vakuumpumpe

Dichtungslager

28 mm

Entwässerung

20 mm

Traglager

Fettschmierung

Eine elektrische Übertragung der Verdrehung des Torsionsstabes über ein Potentiometer und Schleifringe wurde aus zweierlei Gründen gewählt: einmal ist die oszilloskopische Ablesung bei Dauerversuchen äußerst anstrengend und ermüdend, und dann hat das elektrische Gerät den weiteren Vorteil, daß es bequem durch Widerstände gedämpft werden kann, was die Bildung des Mittelwertes bei stark ausgebildeter Kavitation an der Schraube sehr erleichtert. Der Fernsender von 300 mm Durchmesser, der von Hartmann & Braun, Frankfurt a. M., hergestellt wurde, hat auf dem maximalen Torsionswinkel des Meßstabes von 25⁰ etwa 500 Schaltstufen und damit eine Einstellgenauigkeit von 0,2%, bezogen auf den Endwert; Übergangswiderstände an den Schleifbürsten lassen sich kleiner als 0,1% des Senderwiderstandes ($\sim 130\,\Omega$) halten, wenn durch eine möglichst erschütterungsfreie Anordnung der Bürsten in einem Knoten der schwingenden Welle (Stopfbuchsenlager) dafür gesorgt wird, daß ein Abheben von den Ringen nicht vorkommt. Als Ablesegerät dient ein Kreuzspulgerät, das mit dem Fernsender in Brücke geschaltet ist und die Eigenschaft hat, von der angelegten Spannung in Grenzen von mindestens $\pm\,10\,\%$ unabhängig zu sein.

Die Schubmessung (Bild 5) erfolgt wieder über einen Waagebalken mit Schneidenübertragung, nur daß das unbequeme Austarieren von Hand durch eine selbstanzeigende Neigungswaage (Fabrikat Tacho) ersetzt wurde. Die Einrichtung zur Kompensation des von der Druckdifferenz zwischen Atmosphäre und Tank herrührenden Schubanteils ist folgendermaßen durchgebildet: Die Kupplung, die für das axiale Spiel der Welle zur Schubmessung erforderlich ist, ist von einem luftdichten Topf umgeben, der von einer Pumpe unter Zwischenschaltung eines Ventils evakuiert wird; die Pumpe läuft mit passend eingestellter, konstanter Drehzahl, während das Ventil von einem Hg-Manometer gesteuert wird, dessen einer Schenkel mit dem Meßquerschnitt des Tanks und dessen anderer Schenkel mit der Pumpe und parallel dazu mit dem Topf verbunden ist. Bei Erzeugung von Strömung und Vakuum im Tank sinkt die Hg-Säule in dem mit der Pumpe verbundenen Schenkel des Manometers, wodurch ein Kontakt unterbrochen wird, der bewirkt, daß das Ventil reguliert wird, bis das Manometer wieder auf die Ausgangsstellung zurückgekehrt ist. Da der Topf parallel zur Pumpe liegt, wird damit in ihm ein Vakuum erzeugt, welches den vom Unterdruck im Tank herrührenden Schubanteil kompensiert, vorausgesetzt, daß die Wellendurchmesser bei dem Durchtritt durch den Tank und durch den Topf gleich groß sind. Wie Versuche gezeigt haben, ist die skizzierte Steuerung mög-

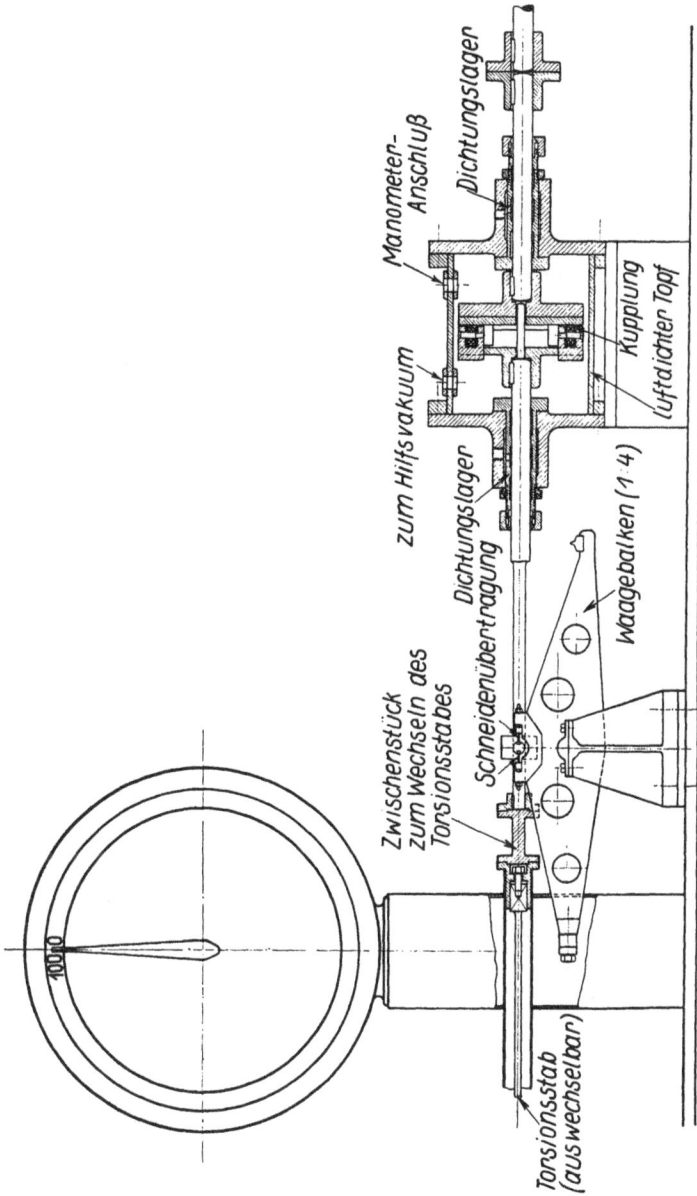

Bild 5. Anordnung der Schubmessung.

lich; Schwierigkeiten bestehen noch im Dauerbetrieb mit der Ausbildung des Kontaktes, so daß wir das Vakuum im Topf vorläufig noch von Hand entsprechend einer Eichmessung einstellen. Zu berücksichtigen ist jetzt noch die verhältnismäßig kleine Kraft, die von der Strömung auf die Hohlwelle ausgeübt wird, und die allein von der Geschwindigkeit abhängt. Man kann sie entweder durch eine Nullpunktsverstellung der Waage berücksichtigen oder aber, wie wir es jetzt tun, unterdrücken, indem man die Hohlwelle mit einem am Tank befestigten Rohr als Blende umgibt.

Es ist vielleicht von Interesse, mit dieser Anlage, die, wie ich glaube, im wesentlichen nunmehr ihren endgültigen Zustand erreicht hat, eine vor kurzem von Prof. Lewis vor der Society of Naval Architects and Marine Engineers beschriebene Anlage zu vergleichen, die bei dem Massachusetts Institute of Technology in Cambridge errichtet wurde (3). Die äußeren Abmessungen dieser Anlage sind etwa dieselben wie die der hier vorhandenen, ebenso stimmen die für den Antrieb von Kanal- und Modellpropeller zur Verfügung stehenden Leistungen ungefähr überein. Als wesentlicher Unterschied fällt zunächst die Ausführung der Krümmer mit scharfen Ecken und Flügelgittern zur Umlenkung auf, womit entgegen unseren Erfahrungen keine Schwierigkeiten bei kleinen Kavitationszahlen entstanden sind; dann ist noch wesentlich, daß der Kanal ähnlich wie die Anlage der amerikanischen Marine in Washington (4) mit einem offenen Strahl ausgeführt wurde, d. h. der Kanal wurde in der Gegend der Ebene des zu untersuchenden Modellpropellers über eine Länge von etwa 66 cm unterbrochen, so daß der Strahl durch eine ihn umgebende ruhende Wassermasse fließt, die natürlich ihrerseits durch die Wandung des Ringkanals von der äußeren Atmosphäre getrennt ist. Diese Ausführung hat den Vorteil, daß man in dem ruhenden Wassermantel sehr bequem große Beobachtungsfenster anordnen und ebenso Halterungen für Anbauten vor dem Modellpropeller anbringen kann, welche die Strömung in dem Wasserstrahl weniger stören als bei geschlossener Ausführung, aber auch den Nachteil, daß sich in dem ruhenden Wasser leicht Luft ansammelt, was besondere Vorkehrungen notwendig macht und den amerikanischen Erfahrungen nach dazu führt, daß der Kanal bei kleinen Kavitationszahlen durch Einbau eines Zwischenstückes zu einem geschlossenen ergänzt werden muß. Der weitere von Prof. Lewis angeführte Vorzug der offenen Ausführung, daß nämlich die Korrektur, die an der Messung von Schub und Moment wegen des beschränkten Strahlquerschnittes angebracht werden muß, bei der offenen Ausführung kleiner ist, trifft wenigstens bei den vorkommenden Belastungsgraden und Modellabmessungen nur bedingt zu, da diese Korrekturen bereits bei dem geschlossenen Kanal so klein sind, daß eine weitere Verkleinerung irgendwelche Nachteile kaum rechtfertigt.

Das Momentenmeßgerät besteht aus einem Torsionsdynamometer mit oszilloskopischer Ablesung; ähnlich unserer früheren Ausführung ist die Propellerwelle zur Reduzierung der Leerreibung in einer Hohlwelle gelagert, die mit der gleichen Drehzahl wie die Propellerwelle angetrieben und durch eine Stopfbuchse mit Wassersperrung gegenüber dem Tank abgedichtet wird. Um die nunmehr zwischen Welle und Rohr auftretende ruhende Reibung zu eliminieren, die sich in einer Unempfindlichkeit der Schubmessung äußert, und die wir früher durch eine Drehzahldifferenz verkleinert hatten, wird hier der Propellerwelle durch einen Exzenterantrieb eine axiale Schwingung von etwa 1,6 mm Amplitude bei 3 Hertz erteilt. Wie weit die Strömung durch diese dem Propeller mit der Welle erteilten Relativgeschwindigkeit gegenüber dem Wasserstrahl beeinflußt wird, kommt auf den Versuch an; jedenfalls ist eine Beeinflussung hierdurch bei der Empfindlichkeit mancher Kavitationsvorgänge sehr wohl denkbar und bei unseren eigenen Messungen gelegentlich schon bei vibrierenden Schrauben, wo die Schwingung in die Propellerebene fällt, festgestellt. — Die Schubmessung erfolgt über eine Meßdose mit eingeschliffenem Kolben und Hg-Manometer, dessen einer Schenkel den Öldruck der Meßdose aufnimmt, während der andere zur Kompensation des vom Druck im Tank herrührenden Schubanteils mit dem Meßquerschnitt verbunden ist. Allerdings wird hier die Druckübertragung vom Tank her wegen Schwierigkeiten mit Luftausscheidung nicht hydraulisch, sondern durch Zwischenschaltung einer Luftpumpe pneumatisch ausgeführt; die Pumpe wird von Hand so reguliert, daß an einem in die Meßebene eingelassenen Röhrchen gerade eben etwas Luft herausperlt.

Nach dieser Skizzierung der neuen amerikanischen Anlage, zu deren endgültigen Beurteilung noch nicht genügend Material veröffentlicht ist, möchte ich wieder auf unsere eigene Anlage zurückkommen und noch einige Ergebnisse mitteilen; dies ist um so notwendiger, als sich bei den eingehenden Kontrollmessungen für die Eichungen des statischen Druckes im Meßquerschnitt und für das Staudoppelrohr Abweichungen gegen die früheren Werte in dem Sinne ergaben, daß der Einfluß der Kavitation auf Schub und Moment früher zu groß gemessen wurde. Es mußten daher zunächst neue Ähnlichkeitsuntersuchungen angestellt werden, um den Einfluß der hier in Frage stehenden Kennzahlen zu ermitteln, soweit sich dies im Rahmen der gegebenen Grenzen überhaupt durchführen läßt.

2*

Wir wollen zunächst die Gesetze zusammenstellen, die für ähnlichen Ablauf von Kavitationsvorgängen an zwei ähnlichen Schiffsschrauben maßgebend sind:

1. Der Vergleich der Trägheitskräfte führt auf das Newtonsche allgemeine Ähnlichkeitsgesetz, wonach sich Schub und Moment in der bekannten Form darstellen lassen: $T = c_T \varrho\, n^2 d^4$ und $Q = c_{\varrho}\, \varrho\, n^2 d^5$. Die dimensionslosen Beiwerte c_T und c_{ϱ} hängen dabei wegen der erforderlichen geometrischen Ähnlichkeit der Geschwindigkeitsdreiecke an jedem Radius des Propellers zunächst nur von dem Fortschrittsgrad $\lambda = \dfrac{v}{n \cdot d}$ ab; nun sind aber die Trägheitskräfte nicht die einzige Art von Kräften, die an dem Kavitationsvorgang beteiligt sind, und daher werden die Beiwerte noch Funktionen weiterer dimensionsloser Parameter, wobei jede neue auftretende physikalische Kraft, d. h. eine Kraft, die durch eine stoffliche Eigenschaft der Flüssigkeit bestimmt ist, einen neuen Parameter hineinbringt.

So bestimmt als zweite Kraft

2. die Schwerkraft, die bei vertikal stehender Schraubenebene den Verlauf des statischen Druckes beeinflußt, eine Abhängigkeit von der Froudeschen Zahl $F = \dfrac{v}{\sqrt{g \cdot l}}$, weiter

3. die innere Reibung, eine Abhängigkeit von der Reynoldsschen Zahl $R = \dfrac{v \cdot l}{v}$; dann verursacht

4. die Kapillareigenschaft der Flüssigkeit, die nach eingetretener Kavitation eine in den Dampfraum hineingerichtete Kraft bedingt und die Krümmung der freien Oberfläche zwischen Dampfraum und Flüssigkeit zu verkleinern bestrebt ist, eine Abhängigkeit von der Weberschen Zahl $W = \dfrac{v^2 \cdot l}{\varkappa}$, und weiter beeinflußt

5. außer der Temperatur noch der Luftgehalt des Wassers nach neuen japanischen Versuchen den Druck, bei dem die Ausscheidung einsetzt. Schließlich ist

6. noch eine Bedingung zu beachten, die aussagt, unter welcher Voraussetzung an zwei entsprechenden Punkten ähnlicher Flügelschnitte, die sich bei gleichem Anstellwinkel in Strömungen von verschiedener Geschwindigkeit und verschiedenem statischen Druck

befinden, gleiche absolute Drucke p' auftreten; die Bedingung besagt, daß die Zahlen $\sigma = \dfrac{p - p'}{q}$ übereinstimmen müssen. Mit p' als Dampfspannung e bezeichnet man σ als Kavitationszahl.

Es ist nicht möglich, die Gesamtzahl dieser Bedingungen gleichzeitig im Modellversuch zu erfüllen, auch dann nicht, wenn eine andere Versuchsflüssigkeit als Wasser angenommen wird. Demnach liegt im Sinne Webers ein Fall angenäherter mechanischer Ähnlichkeit vor, wobei nur durch den Versuch entschieden werden kann, welche Ähnlichkeitsgesetze als von überwiegendem Einfluß anzusehen sind.

Auf Grund unserer früheren Versuche hatte sich folgende Praxis herausgebildet, welche geeignet erschien, aus den widersprechenden Forderungen der Ähnlichkeitsgesetze herauszukommen: Unter Vernachlässigung des Froudeschen Gesetzes, welches im allgemeinen eine nur kleine Geschwindigkeit im Tank erfordert, wurde die Geschwindigkeit so hoch gewählt, daß alle Flügelschnitte im überkritischen Bereich arbeiten; dies schien uns nach den Messungen der Druckverteilung an Flügelschnitten, wie sie u. a. von Dr. Gutsche ausgeführt sind (5), wesentlich zu sein, da mit unterkritischen Reynoldsschen Zahlen, die bei Erfüllung des Froudeschen Gesetzes leicht über einen größeren Bereich des Propellers vorkommen können, zu kleine Unterdrucke an den betreffenden Flügelschnitten verbunden sind, die dann nicht nur den Kavitationseintritt, sondern unter Umständen auch die Propellerkräfte beeinflussen. Der Druck im Tank wird so bestimmt, daß gleiche Kavitationszahlen für Modell und Großausführung vorhanden sind, wobei der statische Druck auf die Tiefenlage der Wellenmitte und der Staudruck auf die Fahrgeschwindigkeit der Schraube bezogen werden. Vergleicht man jetzt bei Erfüllung dieser Bedingung die örtlichen Kavitationszahlen zweier entsprechender Flügelschnitte von Modell und Großausführung, dann zeigt sich ein Zusammenhang zwischen Froudescher- und Kavitationszahl insofern, daß die örtlichen Kavitationszahlen für alle Drehwinkel der Schraube nur bei Innehaltung des Froudeschen Gesetzes für die Geschwindigkeit im Tank übereinstimmen; bei Abweichungen vom Froudeschen Gesetz haben diese Zahlen bei einem bestimmten Drehwinkel im allgemeinen eine Differenz, aber die Mittelwerte für eine Umdrehung sind wieder gleich. Diese Übereinstimmung der Mittelwerte der örtlichen Kavitationszahlen, die durch den Druck im Tank erreicht wird, ist wohl der Grund der früher und auch jetzt wieder festgestellten Unabhängigkeit der Resultate von der Froudeschen Zahl, so daß man das unbequeme und zeitraubende Arbeiten mit geheiztem

Tank, wodurch es ja grundsätzlich möglich ist, bei Erfüllung des Froude-schen Gesetzes überkritische Reynoldssche Zahlen durch Verkleinerung der kinematischen Zähigkeit zu erzeugen, umgehen kann.

Nach diesen Gesichtspunkten wurden die Ähnlichkeitsmessungen zur Abstimmung der Parameter Kavitationszahl, Froudescher- und Reynolds-scher Zahl mit den neuen Meßapparaten wiederholt, von denen einige Resultate im folgenden mitgeteilt werden.

Die Versuche wurden mit zwei Modellen einer Schraube der Serie B 2 mit $H/D = 1,2$ und $Fa/F = 0,56$ ausgeführt, von denen das eine 0,2, das andere 0,3 m Durchmesser hatte. In die Kavitationszahl ist dabei der Druck des gesättigten Wasserdampfes eingeführt unter der üblichen Vorstellung, daß die Verdampfung beginnt, wenn der absolute Druck diesen Wert erreicht hat; nach Beschreibung der Ähnlichkeitsversuche ist noch zu klären, wie weit dies berechtigt ist und wie weit eine Modifikation durch den Einfluß von Kapillarität und vor allem durch den Luftgehalt des Wassers erfolgt.

Es war zunächst festzustellen, wie weit die Bedingung einer konstanten Kavitationszahl mit geänderten Werten von statischem Druck, Staudruck und Dampfspannung bei festgehaltenen Reynoldsschen und Froudeschen Zahlen übereinstimmende Beiwerte von Schub und Moment liefert. Man kann diese Änderungen unter Berücksichtigung der Nebenbedingungen erreichen, wenn man zwei Versuchsreihen mit zwei verschieden großen Modellen vom gegenseitigen Maßstab α bei zwei verschiedenen Tempera-turen ausführt, wobei die Geschwindigkeiten nach $v_2 = v_1 \sqrt{\alpha}$ und die kine-matischen Zähigkeiten nach $\nu_2 = \nu_1 \sqrt{\alpha^3}$ zusammenhängen müssen; der statische Druck steht dann noch zur Verfügung, um für beide Meßreihen gleiche Kavitationszahlen einzuhalten. Die erste Versuchsreihe für $\sigma = 1,1$ wurde mit dem Modell von $d_1 = 0,2$ m bei einer Wassergeschwindigkeit $v_1 = 3,50$ m/s und einer Temperatur $t_1 = 55,0^{\circ}$ C durchgeführt. Die Stoffwerte für diese Temperatur sind $\nu_1 = 0,518 \cdot 10^{-6}$ m²/s, $\varrho_1 = 100,4$ kg s²/m⁴ und $e_1 = 1600$ kg/m², der statische Druck war $p_1 = \sigma \cdot \frac{\varrho_1}{2} v_1{}^2 + e_1$ $= 2276$ kg/m². Für die zweite Versuchsreihe bei dieser Kavitationszahl, bei der die Schraube von $d_2 = 0,3$ m Durchmesser zu benutzen ist, sind Geschwin-digkeit und Temperatur nach den obigen Beziehungen festgelegt: $v_2 = 3,50 \cdot \sqrt{1,5} = 4,29$ m/s, $\nu_2 = 0,518 \cdot 10^{-6} \cdot \sqrt{1,5^3} = 0,952 \cdot 10^{-6}$ m²/s und dementsprechend $t_2 = 22,2^{\circ}$ C mit $\varrho_2 = 101,7$ kg s²/m⁴ und $e_2 = 273$ kg/m²; mit diesen Werten folgt der notwendige statische Druck zu $p_2 = \sigma \cdot \frac{\varrho_2}{2} \cdot v_2{}^2 + e_2 = 1302$ kg/m². Die Ergebnisse dieser beiden Meßreihen für

$\sigma = 1{,}1$ und ebenso für eine zweite Kavitationszahl $\sigma = 0{,}7$ sind auf Bild 6 wiedergegeben, wo systematische Abweichungen innerhalb einer Reihe mit konstanter Kavitationszahl nicht feststellbar sind.

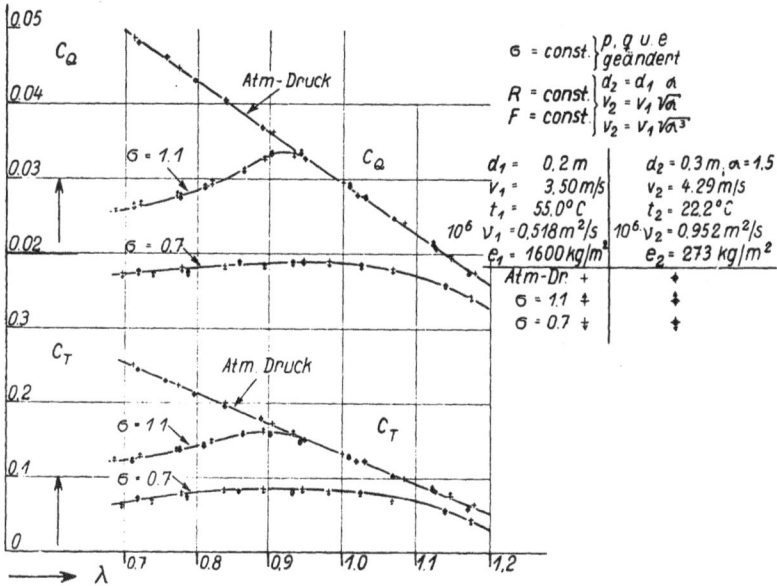

Bild 6. Kavitationsergebnisse zweier Meßreihen für $\sigma = 1{,}1$ und $\sigma = 0{,}7$ bei konstanter Kavitations- (σ), Reynoldsscher (R) und Froudescher Zahl (F).

Nachdem sich ergeben hat, daß die Messung nur von der Kavitationszahl als solcher, nicht aber von ihren einzelnen Faktoren abhängig ist, konnte in der zweiten Versuchsreihe der Einfluß einer bei konstantem Fortschrittsgrad veränderten Reynoldsschen Zahl bei festgehaltenen Werten von Kavitations- und Froudescher Zahl untersucht werden. Hierzu wurden bei einer Geschwindigkeit von 3,5 m/s mit derselben Schraube Messungen bei einer Temperatur von 55,0 und von 26,8° C durchgeführt, wodurch sich die kinematischen Zähigkeiten von $0{,}518 \cdot 10^{-6}$ auf $0{,}850 \cdot 10^{-6}$ und damit die R-Zahl um das 1,64fache änderten (Bild 7). Natürlich können nur dann bei beiden Meßreihen genügend übereinstimmende Beiwerte erwartet werden, wenn die Flügelschnitte auch bei der kleineren R-Zahl bereits überkritisch sind; als Anhalt hierfür mag die Angabe genügen, daß die Kennzahl $\dfrac{n\,d^2}{v}\,\dfrac{l_m}{d}$ bei der Versuchsreihe mit der kleineren

R-Zahl und bei dem größten hier vorkommenden Fortschrittsgrad von 1,2 schon $2,2 \cdot 10^5$ beträgt, während als kritische Kennzahl für eine Schraube mit Kreisabschnittprofilen $0,8 \cdot 10^5$ angesehen wird.

Schließlich wurden bei einem bestimmten Fortschrittsgrad Kavitations- und R-Zahl festgehalten und die Froudesche Zahl dadurch verändert, daß mit derselben Schraube Messungen einmal bei großer Geschwindigkeit und kleiner Temperatur und darauf bei kleiner Geschwindigkeit und erhöhter Temperatur durchgeführt wurden; Bedingung ist ent-

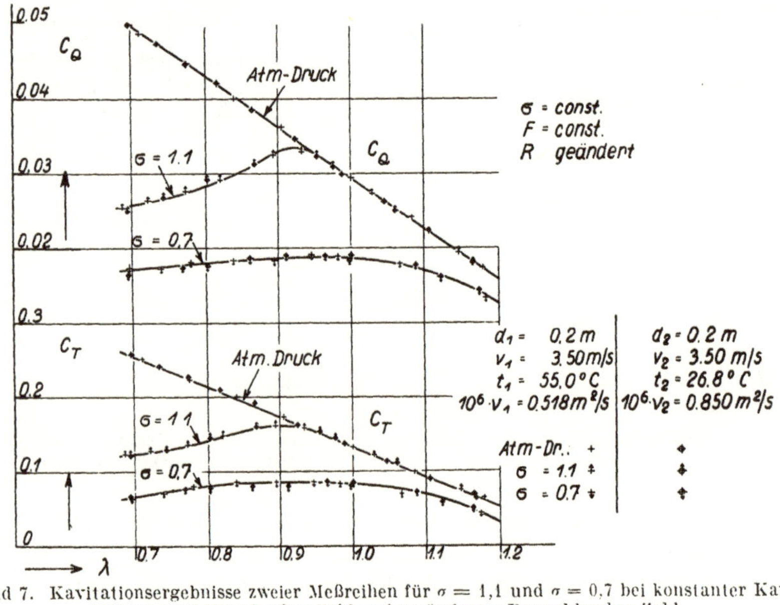

Bild 7. Kavitationsergebnisse zweier Meßreihen für $\sigma = 1,1$ und $\sigma = 0,7$ bei konstanter Kavitations- und Froudescher Zahl und veränderter Reynoldsscher Zahl.

sprechend der Definition der R-Zahl dabei, daß der Quotient von Geschwindigkeit und kinematischer Zähigkeit bei beiden Meßreihen konstant bleibt. Die Froudeschen Zahlen verhalten sich dann wie die Geschwindigkeiten. Wie Bild 8 zeigt, treten auch in diesem Fall systematische Abweichungen innerhalb der Versuchsreihen mit konstanter Kavitationszahl nicht auf.

Wesentlich für die Deutung dieser Ähnlichkeitsmessungen wie für die Übertragbarkeit der Modellergebnisse überhaupt ist die Frage nach dem Einfluß der bislang noch nicht berücksichtigten Ähnlichkeitsgesetze für die Kapillarkraft und den Luftgehalt der Flüssigkeit. Über den Einfluß des Luftgehaltes sind in den letzten Jahren eingehende Messungen von Numachi und Kurokawa (6) ausgeführt, über die Dr. Gutsche in der Zeitschrift »Schiffbau« ausführlich referiert hat (7), so daß ich mich hier kurz fassen kann. Die beiden Autoren haben ihre Versuche in Glasdüsen von ungefähr 1 mm Durchmesser am engsten Querschnitt ausgeführt und dabei Luftgehalt, Wassertemperatur und Geschwindigkeit und neuerdings auch den statischen Druck geändert; gemessen wurden statischer Druck und Stau-

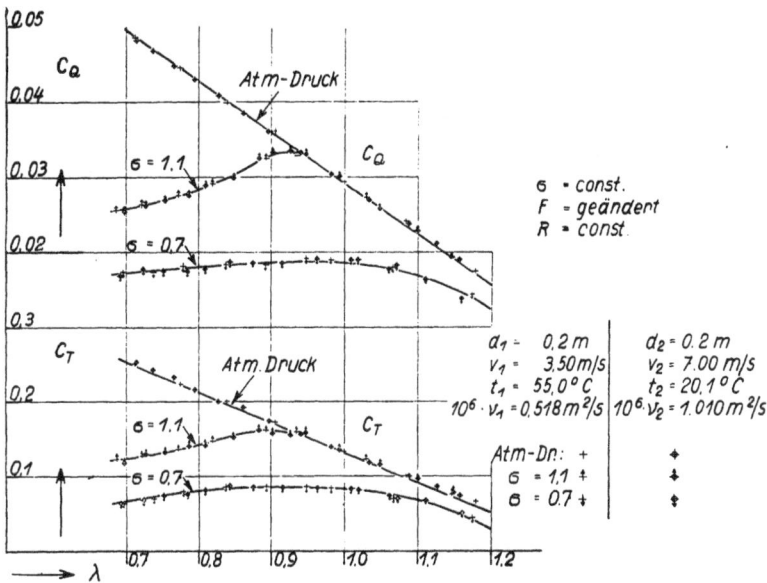

Bild 8. Kavitationsergebnisse zweier Meßreihen für $\sigma = 1,1$ und $\sigma = 0,7$ bei konstanter Kavitations- und Reynoldsscher Zahl und veränderter Froudescher Zahl.

druck im engsten Querschnitt, bei denen die Kavitation eintrat. Außerdem wurden diese Versuche mit Düsen verschiedener Form ausgeführt, die sich, soweit es für unsere Zwecke wesentlich ist, durch die Länge des engsten Querschnittes unterschieden. Das uns interessierende Ergebnis ist auf Bild 9 dargestellt, wo der Druck für beginnende Ausscheidung über der Temperatur mit dem »Luftgehaltsgrad« (Verhältnis der vorhandenen Luftmenge zur Sättigungsmenge) als Parameter dargestellt ist.

Man erkennt, daß die Ausscheidung bereits bei um so größerem absoluten Druck einsetzt, je größer der Luftgehalt ist; die untere Grenze stellt die bekannte Dampfspannungskurve des gesättigten Wasserdampfes mit dem Luftgehaltsgrad Null dar. Als sehr wahrscheinlich ergibt sich weiter aus diesen Messungen, daß die Kurven konstanten Luftgehaltsgrades in die Dampfspannungskurve des gesättigten Wasserdampfes einlaufen, und zwar bei um so kleinerer Temperatur, je kleiner der Luftgehaltsgrad ist;

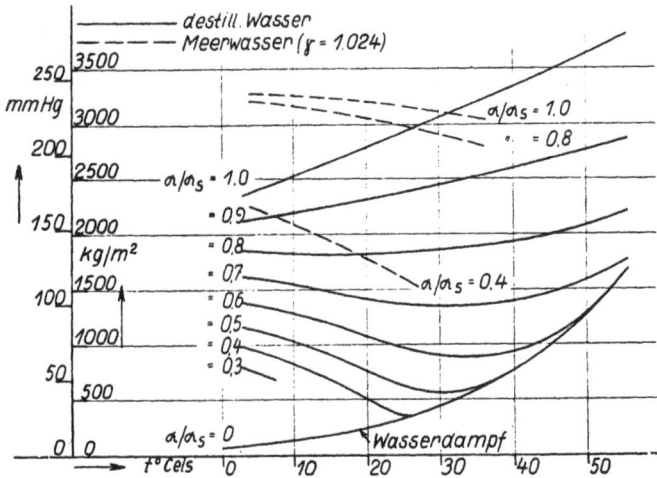

Bild 9. Druck für beginnende Ausscheidung bei lufthaltigem Wasser nach Numachi-Kurokawa. Düse 22.

leider sind die Kurven mit konstantem Luftgehaltsgrad höchstens nur bis zu dem Einlaufpunkt und nicht mehr darüber hinaus mit Meßpunkten belegt, so daß man dieses Resultat nur als wahrscheinlich ansprechen kann. Daraus folgt dann aber, daß die Bildung der Kavitationszahl mit der Dampfspannung im Zähler für kleine Luftgehaltsgrade, wie sie im Kavitationstank nach der üblichen Entlüftung zu erwarten sind, zulässig ist und die vorhin angeführten Ähnlichkeitsversuche hierdurch nicht beeinflußt sind; um hier sicher zu gehen, haben wir den Luftgehaltsgrad des Tankwassers vor Beginn dieser Versuche nach der Siedemethode roh bestimmt und den Wert 0,3, allerdings mit einem möglichen Fehler von etwa ± 10%, erhalten, was aber bereits genügt, um die Bildung der Kavitationszahl mit der Dampfspannung auch bei den kleinen Temperaturen der Ähnlichkeitsversuche ohne merklichen Fehler zu rechtfertigen.

Über diese Versuche mit destilliertem Wasser hinaus haben Numachi und Kurokawa noch Versuche mit Meerwasser und einer 2,7proz. Koch-